矢田川は鳥たちの楽園

したたかに生きる「都会っ子」たち

小野 知洋 Ono Tomohiro

風媒社

写真ａ　河原の木に止まるオオタカ。後方に堤防道路のガードレールが見える（2023/1/23）

写真ｂ　矢田川の鉄橋の鉄塔にとまるチョウゲンボウ（2022/11/6）

写真c
川辺の木からねらいをつけるカワセミ（2022/2/3）

写真d
おしゃれなカワアイサのペア（2023/1/18）

写真e
飾り羽が美しいオシドリ（2021/3/9）

写真f
川岸にひっそりたたずむイソシギ（2021/11/20）

写真ｇ
水辺で餌をついばむキセキレイ
(2021/2/3)

写真ｈ
コサギの顔、目が怖い！
(2023/2/6)

写真ｉ
パリコレのモデルアオサギ！
(2021/5/22)

写真 j
渡りの途中？ 河原の木の枝で休むノビタキ
（2021/10/21）

写真 k
河原の藪に止まるホトトギス
（2022/11/6）

写真 l
川岸を歩くケリ
（2022/2/22）

写真m
藪の中で美しい羽をみせるジョウビタキ
(2022/1/19)

写真n
矢田川の川岸に立つ木で餌を採るコゲラ
(2022/2/14)

写真o
駐車場の壁に止まるイソヒヨドリ
(2022/4/10)

◆私の散歩エリアと主な場所◆

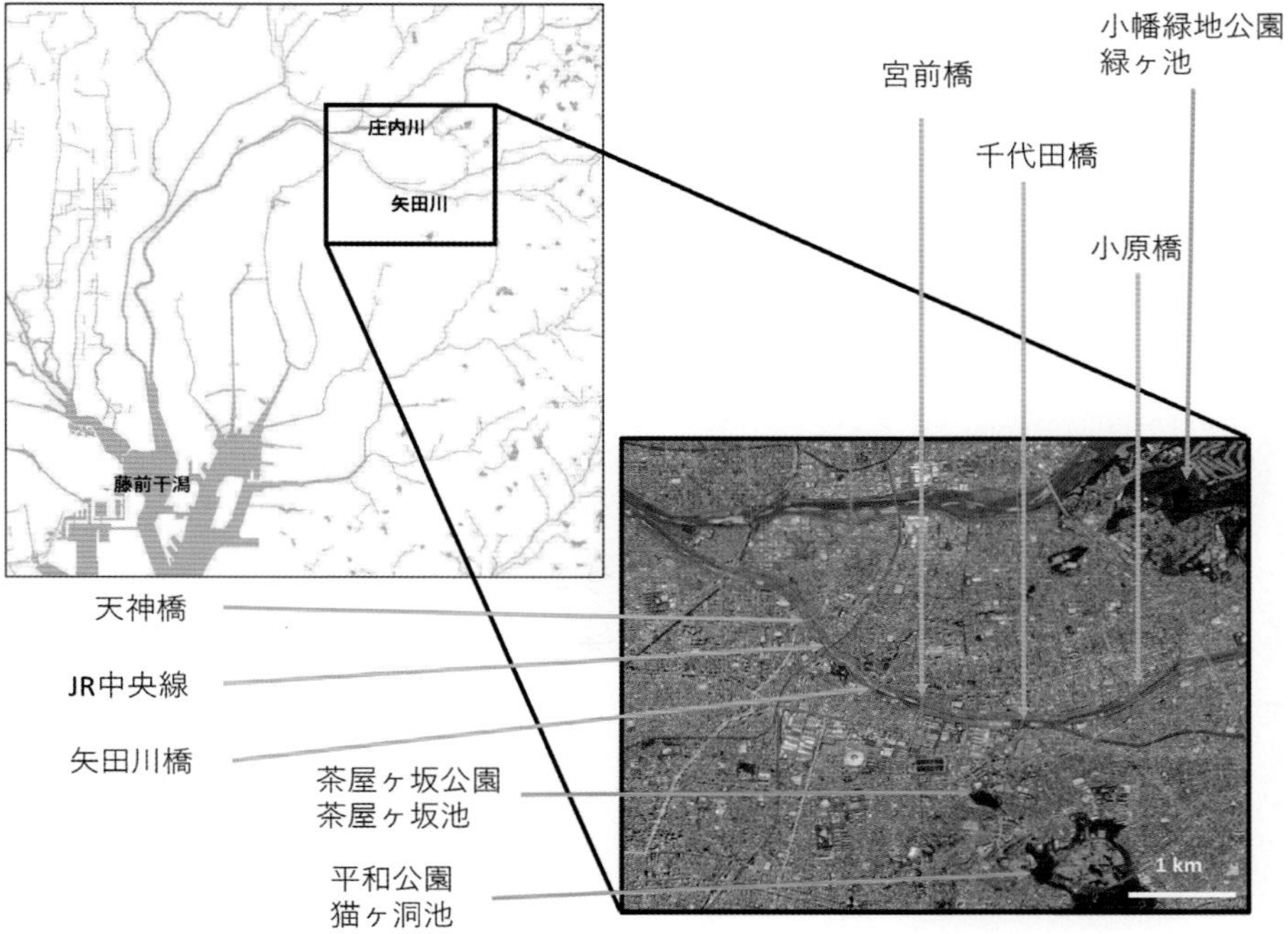

※国土地理院ウェブサイトの空中写真及び地図をもとに作成

はじめに

矢田川は名古屋市北部を東から西へ流れ、やがて庄内川と合流したのちに南へと向きを変えて伊勢湾に流れ込む一級河川である。水源は猿投山で途中まで赤津川として流れ下るが、やがて陶器の産地として有名な瀬戸市から流れる瀬戸川と合流する。私の子どものころは陶器の生産過程で出る陶土の影響で矢田川の水も白濁していた記憶があるが、近年は水質の浄化が進み多くの魚が棲む川となっている。

矢田川は地図でみるとわかるように、名古屋の中心部を形成する熱田台地の北側を削るように流れており、いわば名古屋とその北側の地域を分ける境界ともなっていた。しかし、一九六三年に矢田川の北側に位置していた守山市が名古屋市に編入され守山区となったため、名古屋の北側の境界というイメージは、今はない。

江戸時代初期に、徳川家康が東海道の護りの重要拠点として堅牢な名古屋城を築き、清須から町ごと名古屋に引っ越しをおこなうとともに、家康の九男の徳川義直が尾張藩初代藩主となった。名古屋城は熱田台地の北西角に位置し、西側は低地、北側はしばしば氾濫する矢田川に守られるという状況から天然の要害となっていた。江戸時代の記録をみると、矢田川はしばしば大氾濫をおこし、おそらく広大な河川敷を形成していたものと思われる。藩主義直は鷹狩りを好み、しばしば矢田川を越えて瀬戸方面につながる丘陵地帯に出かけており、よほどの愛着があったのか尾張藩主で唯一、墓も丘陵地内の定光寺に置かれている。またこの河川敷の広大な場所を利用して、二代藩主光友はここに射撃稽古場を設置した。つまり、矢田川は単に名古屋城下の境界としてだけではなく、尾張藩とのさまざまなゆかりのある川である。

洪水への対策はその後かなり充実したものの、例えば二〇〇〇年に起きた東海豪雨では庄内川との合流点付近で大洪水が起こるなど、今も厳しい状況には変わりがない。とはいえ現在は徐々に堤防も整備されるとともに、河川緑地の整備（私の散歩エリアでは天神橋緑地、矢田川橋緑地、千代田橋緑地、小原橋緑地）も進み緑地内の樹木も大きく成長し、かなりよい自然環境が形成されている。

庄内川と合流した矢田川はやがて伊勢湾（名古屋港）へと流下する。このようなつながりがあるためここに生息する動物種に関しては、濃尾平野東部の丘陵地と伊勢湾の海という両方の環境との連続性をみることができる。

私は二〇一七年三月に四十年近く勤務した大学を定年退職した。もともと昆虫を中心に動物に関心があって、外を歩くことには馴染みがあった。定年で時間もたっぷり、一方で家の中でテレビ三昧というのも健康上よくないとの自覚から、せめて散歩でもしよう、でもただ歩くだけではつまらないので、何か目標を決めよう、ということから、これまであまり馴染みのなかった鳥を探しながら我が家の周辺の矢田川の河原を歩いてみようと思い立った。当初は、みつけた鳥の種類を簡単にメモする程度であったが、二〇二〇年の年末に面白いカメラ（Canon power shot zoom）をみつけ、これを手に入れて記録も撮ることとした。このカメラは望遠鏡にカメラ、ビデオ機能が加えられたもので、何よりも小型・軽量で散歩中もポケットに入れて持ち運べる。ファインダーをみながら二段階の拡大ができるので、視野の中に目標物を逃さず入れ込む機動性がある。もちろん解像度は大型カメラとは比較にならないが、種の識別などには充分役立つ。そこで、これを携えて年間を通して週に二、三回矢田川の河原を散策している。

おじさんの散歩なので、エリアはおおよそ決まっていて、上流側は小原橋、下流側は天神橋のおよそ約三キロメートルの範囲で、その日の気分で右岸を選んだり左岸を選んだり、まったく気ままである。目にした鳥の記録は二〇一九年の春からであるが、写真の記録は二〇二〇年十二月からということになる。記録しはじめて驚いたのは、この狭い範囲だけで当初予想していた以上に多くの種に出会うことであった。この四年間で確認した鳥は六〇種ほどにおよぶ。毎年確認できる種だけではなく、ややスポット的に出会う種などもあるので、今後さらに確認種数は増えていくだろう。こんなにたくさんの鳥に出会えるとその時々の印象を残しておきたくなった。鳥を専門に調べておられる方からみれば記載するほどのことではないかもしれないが、素人なりに感じる疑問もある。暇人だからこそ出会えている光景もあるかもしれない。行動範囲の限られたおじさんの散歩なので「超ローカル」野鳥調査であるが、逆に、定点観察と考えるとそれも何か意味があるかもしれない、などと勝手な解釈にもとづいて、目にしたことや印象を気楽な文章にまとめてみた。「素人おじさんのトリ・ペディア」ではあるが、この拙文をまとめる過程で、都市周辺環境の激しい移り変わりの中で翻弄される鳥たちの繊細さを見る一方で、思わぬしたたかさも示す姿に、強く印象付けられた次第である。矢田河原で出会う鳥たちは、環境の変化の中でうまく「都会っ子」になれた鳥たちなのかもしれない。

矢田川は鳥たちの楽園
したたかに生きる「都会っ子」たち

目 次

1 あこがれの猛禽 ―オオタカ―

しばらく前まで、森の中でオオタカの営巣場所がみつかると道路工事が中断し、道路のコース変更が検討されるという話題がしばしばニュースで取り上げられた。それほどまでにオオタカは希少種として環境保全を語る上でのシンボル的な存在だった。

十五年ほど前になるだろうか、私が在職していた大学の研究室のすぐ目の前に、ある朝キジバトと思われる羽毛が円形に散乱している光景に出会った。早速その光景を写真に撮って鳥の専門家の方にお送りしたところ、間違いなくオオタカが獲物を捕獲した跡であるとのお答えをいただき、そんなに身近にオオタカがいることに少々驚いた記憶がある。

私が問い合わせをした鳥の専門家の方からのお返事にもあったのだが、「最近オオタカは街の公園の鳥になりつつある」とのことであった。時を同じくして、テレビ等でもオオタカが街中に出現することがしばしば取り上げられ、その後レッドデータブックからも外されるに至ったそうだ。とはいえ、街中で生活する我々がそうそう目にする存在でもない

写真１　捕らえた獲物の羽根をむしるオオタカ（2023/2/17）

と思っていた。

ところが、私が矢田河原を散歩するようになってから、時々上空を舞うタカの仲間の姿があることに気づき、また特有の襲撃痕（獲物の羽毛の散乱）を河原でみることとなり、いつか実物に出会えるかと期待していた。二〇二三年一月にとうとうその幸運に出会うこととなり至近距離からの撮影もできた。さらにその後、獲物を捕獲し羽毛をむしり取る現場にも出会った（写真ａ・３頁）（写真１）。

オオタカはもともと深い森林の中で生活する鳥だったようだ。その環境が破壊・消失するにつれて個体数が減少していった。ところがここで思わぬ「したたかさ」を示したのだ。森林での生活というこだわりを捨てて街中の環境に乗り出すものが現れた。

街は森林とは大きく環境が異なるように私たちには

みえる。でも、見方を変えると、最近の街中の公園はかなりの規模の緑地が形成されており、そこにある木々もずいぶん大きく成長している。つまり街中にもミニ森林があるのだ。では手ごろな餌はどうだろうか。それがいっぱいいるのだ。ハトは私たちが困るほどいるし、季節によってはムクドリも騒音で困るほどいる。オオタカたちは森林という繊細な環境で生き続ける一方で、こんな環境をうまく利用するしたたかさも持っていた。

オオタカに限らずこのような適応をする猛禽類は他にも知られている。海岸の断崖に棲むハヤブサが、高層ビルを断崖に見立てて街中に侵入して生きている例は海外を含めて各地で報告されている。

ところで、こんなしたたかでその姿からも鳥の王者のようにみえるオオタカだが、しばしばカラスの猛攻を受け、ほうほうのていで逃げ回る。矢田川でも目の前の木に止まっていたオオタカが飛び立つや、どこからかカラスが数羽現れ、オオタカを猛追した。体の大きさも引けを取らないカラスは執拗にオオタカを追い回す。その姿は「王者、オオタカ！」のイメージを壊してしまうようで、個人的にはあまりみたくなかった。

2　小さな曲者

――チョウゲンボウ――

　チョウゲンボウは冬の風の強い日に畑の上などでホバリングをしながら獲物を狙う姿が印象的だ。数年前に初冬の矢田川の河川敷でチョウゲンボウをみて、こんなところにもいるのだと感激した。そのころ河原にはバッタが多数みかけられたので、おそらくこれを狙っていたのだろう。

　もともと畑のような人工的な環境の中にいる鳥なので、人の生活空間には入りやすいのかもしれない。そう考えれば河原にいることに何も不思議はない。私の散歩エリアでは、河原に隣接して十数階建てのマンションが多く存在する。この環境を彼らが本来営巣する河原の周辺の「崖」と餌の探索場所である河原の「草原」に見立てると、類似性のある生活環境と言えなくもない。これまでも矢田川の鉄橋の鉄塔の上（写真b・3頁）や川沿いにあるマンションの窓のひさしに止まる姿を何回かみかけたが、それだけではなく、つい最近、私の住んでいるマンションのテラスに固定された衛星放送用アンテナに止まる姿まで

写真２　マンションのベランダにとまるチョウゲンボウ（2023/2/7）

みかけた（写真２）。

外形的には確かに類似した環境なのかもしれないが、果たして、この環境の中のどこかで繁殖までおこなっているのだろうか。いずれにしてもやはりこの種もしたたかに人工的環境に適応して、人間が多く住む都市環境に進出してきていると考えられる。図鑑等をみると、冬季には南の地方に渡りをするものもあるようだが、これまで私の記録をみると十一月から三月ころの観察例が多いので、どこかで繁殖した個体が冬のあいだ都市部で生活しているということなのかもしれない。

人間の住む環境に進出してうまく人間生活と折り合うことで、自然界で出会いがちな天敵から逃れることができるということは一般的に言える。しかし、そこにはもっと上手《うわて》の鳥がいる。カラスである。カラスは素晴らしい適応力で人間の生活環境に入り込み、我が物顔で闊歩している。チョウゲンボウがツバメのように軒下やベランダにまで入り込むことができれば、人間の存在のおかげで身を守ることができるかもしれない。しかし、さすがにそこまで人間生活に入り込むことは難しく、人間がある程度近づいても拒否反応を示さない程度がせいぜいである。オオタカやチョウゲンボウが人間に近づいたといってもそのあたりのレベルである。

これらの猛禽類は、するどい爪や嘴《くちばし》のような攻撃の武器を持っているため、特に雛などだとカラスでも襲われる可能性がある。そのため、カラスには目の敵にされるのだろう。とはいえチョウゲンボウは体力的にはカラスにはほとんど太刀打ちできないので、カラスからはひたすら逃げ回っている様にみえる。矢田川の河原の上空で、双眼鏡でももうほとんど追えないほどの高度まで追われるチョウゲンボウをみたことがある。カラスのあまりの執念ぶかさに、チョウゲンボウにちょっと同情してしまった。

3　その他の猛禽類　―トビ、ハイタカ、ミサゴ―

矢田川の周辺で確認できた猛禽類には、オオタカ、チョウゲンボウ以外にトビ、ハイタカ、ミサゴがいる。

トビはどこにでもいる馴染み深いタカの一種である。体はかなり大きいが獰猛に他の鳥などを襲うというよりは、動物の死体などをみつけて食べる。そのため最近とてもよくみかけるのは高速道路の周辺である。悲しいことに、高速道路では非常に多くの動物が交通事故によって命を落とす。その死体を狙うのがトビである。矢田川でも時々上空を舞う姿に出会う。川には最近多くのコイが生息するので、いろいろな事情で命を落とすものがあり、それを狙っているのではないか、大きなコイの死体が川岸にころがっていることが時々あるので、きっと餌になるのではないかと思っていた。でも、そうであるならもう少しトビがたくさんいてもよいような気がするし、実は意外に死魚をついばむ姿に出会わない。実際に私が散歩でその現場に出会ったのは一回だけである。何か餌になるものが、他

写真 3-1　ハシボソガラスに追われるトビ（2021/11/14）
にあるのかもしれない。
そんなトビは猛禽類でありながら、空中を滑空して獲物を捕らえる行動がないのでオオタカなどのようなカッコよさを何となく感じない。ただし、テレビの映像などをみると、公園などでお弁当を食べている人を空中から襲って食べ物をくすねることがあるようで、そんなときの姿はなかなか「ダイナミック」ではある。でもこれは勇猛果敢というよりはコソ泥的イメージがあり、カッコいいとはならないのかもしれない。ところが、猛禽類嫌いのカラスたちはこんなトビも目の敵にする。チョウゲンボウとは違って体が自分たちより一回り大きいにも関わらず、果敢に追い回し、時には翼の羽毛を引き抜くなどの攻撃までみられる。カラスは本当に執念ぶかい（写真3－1）。
この他に矢田川で確認できた猛禽類はハイタカ、ミサゴである。ハイタカはオオタカと非常によく似ていて、我々素人ではなかなか区別がつかない。オオタカと同様、鷹狩りに利用されることもあるそうだ。ある時、すぐ近くでハトが大騒ぎをして飛び回っていた。

するとそこに急降下してきたタカがいたのであわてて写真に収めた。後から確認すると、胴体の様子からおそらくハイタカだと確認した。オオタカとは同じような獲物を狙うので、矢田川にいることは間違いないと思う（写真３-２）。

もう一種、ミサゴであるが、ミサゴについては実は一回だけ川の上を飛ぶ姿に出会った。ミサゴは体が大きいし、腹側が独特の白い羽毛なので確認は容易である。ミサゴは空中から飛び込んで魚を捕らえるタカであるが、矢田川のような水深の浅い川での狩りは困難なので、観察した個体もおそらく移動中のものと思われる（写真３-３）。実は、この付近では矢田川の北側一キロメートルほどにある小幡緑地公園緑ヶ池、南側一キロメートルほ

写真 3-2　ハイタカの飛翔（2022/3/10）

写真 3-3　矢田川の上を飛ぶミサゴ（2021/9/27）

どにある平和公園猫ヶ洞池のいずれにもミサゴが頻繁に現れる。一方、庄内川が名古屋港に流れ込む藤前干潟には常時かなりの個体数のミサゴがみられる。それを考えると、矢田川は丘陵地と海の連続性を保つ通路としての機能をもっているのかもしれない。

4　水辺の宝石

―カワセミ―

「水辺の宝石」という表現はいかにもありきたりではあるが、やはり何度みてもカワセミは宝石と呼ぶにふさわしい。瑠璃色の翼、青く輝く背面、胸のオレンジ色、漢字で宝石の「ひすい」と同じく「翡翠」という字があてられるのも納得できる。加えて、枝に止まっているときに長いくちばしをもつ頭を上下にひょこひょこと動かすしぐさも実に愛らしい。

カワセミはもともとわりあい身近な水辺にいたようだが、街中の水辺環境の変化や水質の悪化の影響を受けて、私の記憶では郊外の水のきれいな川や池にでも行かない限り出会えないとの印象であった。ところが、近年、環境の改善もあってか、身近な河川や池でごく普通にみられる鳥になった。昔のイメージがあるので、今でもカワセミに出会うとつい目が釘付けになってその美しい姿に魅了される。木の葉も少なくて見通しがよい冬から春にかけては、散歩に行くと二回に一回はどこかで姿をみることができる普通種といってもよい存在になっている。出会えばつい嬉しくなってしまうなんともありがたい「普通種」である（写真c・4頁）。

なぜこんなにカワセミが普通に現れるようになったのかを鳥の専門家にうかがったことがあるが、留鳥であるカワセミもやはり人間が棲む環境にしたたかに適応していることが一つの要因のようだ。彼らはもともと水辺にある小さな崖の横腹に穴をあけて巣を作るのだそうで、私の経験でも矢田川の流れの脇にある小さな崖に巣を作っているのではないかと思われる場所をみつけたことがある。こんな場所の代わりに、彼らは最近、石垣やコンクリート壁にある水抜きのパイプでも巣作りをしているらしいとのことである。ここを営巣場所にできるのであれば、崩れる心配のない堅牢な巣ができること間違いなしだし、人の生活に近い場所であれば天敵のヘビの襲撃にも対抗できそうだ。

これに加えて、川の水質の浄化は、餌となる小魚を多く育む。川辺に張り出した適当な枝や、時には川に流れ込むポンプ施設の手すりに止まって、魚を狙う。餌採りにも苦労はなさそうだ。私の散歩コースの矢田川中流域ではあちこちによどみができて、そこが彼らの餌採りの場所になっているのだが、川幅がそこそこ広い部分もある。そんなところで彼らが面白い餌採りを行っている現場に出会う。

川岸の枝から川の中ほどの水面上に飛び立って、高さ数メートルでホバリングをおこない、そこからダイビングするのだ（写真４）。実際に獲物を採れたところは確認していないが、この光景はこれまで数回みかけた。

写真４　ホバリングで上から獲物をねらうカワセミ（2022/2/2）

素人考えであるが、水面をみていると、川の水は多少とも波立つし、太陽の位置によって反射で水中の獲物の姿がみにくい場合がある。そんな時にこの方法は獲物をみつける上で有効なのではないだろうか。水のきれいな小川や池では水中の獲物がみつけやすく枝から直接飛び込んでも餌が採れそうだが、少し幅のある河川での餌採りではこのほうがよいのかもしれない。

私たちの目を楽しませてくれる宝石がいつも身近にいることはとても嬉しい。

5　川辺の黒子　―カワウ―

カワウは伊勢湾の海岸部や藤前干潟などの河口部はもちろん、内陸部の湖などにまでひろく分布している。矢田川でもあちこちで水にもぐって魚を採ったり、川岸の石の上でウの仲間に独特のちょっと「だらしなく」（もちろん私の勝手な印象です！）翼を半開きにして日向ぼっこをする姿によく出会う。どこの川辺にもいる「黒子」ではあるが、水辺を最大限利用する「主役」でもある。

カワウはもちろん狩猟の対象になる鳥ではないと思うのだが、意外に警戒心が強く、水中に潜って餌を採っていても、あるいは日向ぼっこをしていても、カメラを向けるといち早く飛び立ってしまう。冬には周囲にカモ類がいることがあるが、彼らより明らかに警戒心が強いのはどうしてだろうか、ちょっと不思議な気がする。

矢田川でみかけるとき、普通はそれほど多くの群れではなくせいぜい数羽でいることが多いのだが、ある夏の朝、散歩をしているときに驚く光景に出会ったことがある。川面が急に騒がしくなって、水がはねる音が聞こえた。急いでのぞいてみると、一面に大量のカワウが舞い降り餌を追いかけ、とにかく大騒動である（写真5－1）。ひとしきり騒いだ後、群れは一斉に飛び立っていった。川面での大騒ぎはこの時にしか出会っていないが、思い返すと、特に夏の朝には（ただし、朝早く散歩をするのは夏だけなので、夏にしか出会わないのはおじさんの行動のせいであるのかもしれない！）川沿いに多数のカワウが編隊飛行をする光景をみかける。ということは、事情はわからないが朝のうちに河口部あたりから群れを成して上流部に飛んでくる習性があるのかもしれない。

ところで、カワウの編隊飛行はなかなか見事なものである（写真5－2）。いわゆる「V」字を形成してとてもきれいな編隊を組む。「V」字型の編隊は飛行の際

写真 5-1　カワウの「大騒動」（2021/7/23）

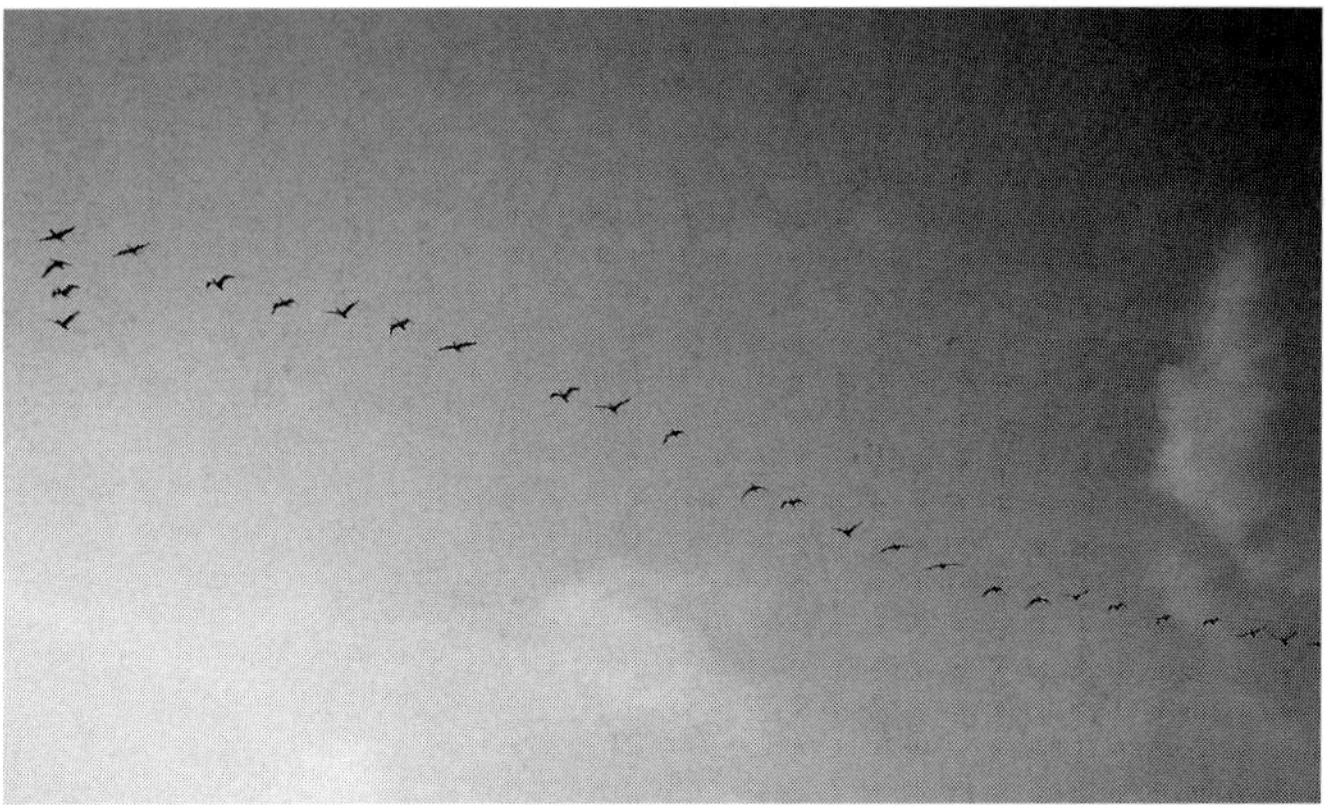

写真 5-2　カワウの見事な編隊飛行（2021/8/1）

の空気抵抗を減らすためのものであると説明されている。ただ少し不思議に思うのは、「渡り」のような長距離飛行をおこなう場合には、省エネのためにも編隊を組むことは大いに有効だと思うのだが、カワウの飛行はたかだか数キロメートル程度のものだと思うし、そこでの省エネがそれほど重要とも感じられない。なのに、どうしてあのような見事な隊列を組む習性が身についたのだろうか。

コサギが時期によってはかなりの群れを形成し、ときどき一斉に飛び立って移動をおこなう。これをみると、一応の編隊飛行の形は示すもののあまり継続せずしばしば編隊が崩れる。もちろん、状況が異なるので単純に比較はできないが、カワウのあまりにも見事な編隊を目にすると、どんな理由があるのかいつも不思議に思う。

6 潜水の名人 ―カワアイサ、カイツブリ―

前項にあげたカワウは潜水によって魚を採ることで有名だが、矢田川で同様に潜水をする姿がみられるのは、カワアイサとカイツブリである。

カワアイサは冬によくペアやオスと何羽かのメスという少グループで水面を泳ぐ姿をみる。カワウと同様に潜水が得意で、潜水しながら餌を探す姿が時々みられる。オスは黒い頭と白い胴体、メスは茶色の頭に冠羽がありモヒカンヘアーを思わせる姿が特徴的だ。オスの黒い頭部は光の加減でマガモのオスを思わせるような金属光沢がありとても美しい。またメスは確かにヘアースタイルとしては派手目ではあるが、茶色と黒のシックな配色はとてもおしゃれでつい目を止めてしまう（写真d・4頁）。

アイサの仲間はカラフルな色合いではないが、どれもなかなか上品な姿である。川ではみかけないが、矢田川から遠くない小幡緑地公園の池には時々同じ仲間のミコアイサがくる。警戒心が強くて近くでゆっくりみられないのは残念だが、体全体が白い羽である上に、目の周りに黒い羽毛があり、ジャイアントパンダを思わせる配色である。冬の間にせいぜい一、二回しか出会う機会がないが、出会うと嬉しくなる鳥の一つだ。

グループとしては少し異なるが、矢田川ではカイツブリを時々みることがある。カイツブリは主に池にいる鳥で、矢田川の周囲の池ではかなり頻繁に出会うから、そこからたまに飛んでくるのであろう。カイツブリは池の潜水の名手だと思う。池でカイツブリを見ていると、一度水中に潜るとしばらく浮き上がってこないでどこに行ったのかがわからなくなる。私がよく出会う矢田川近くの茶屋ヶ坂の小さな池では、水面がおおよそ見渡せる大きさであるにもかかわらず、それでもしばしば見失ってしまう。

カイツブリの仲間でもう少しスマートなカンムリカイツブリという種がいる。これについては小幡緑地公園などのやや大きめの池で時々みかけるし、藤前干潟ではかなり普通にみられるが矢田川には訪れない。同じような水環境とはいえ、水の流れ、池の大きさなどいろいろな条件がこのような鳥たちの分布にかかわっているのだろう。こんなことを身近な例で考えてみると、環境の多様性と生物の多様性の関係に気づく手掛かりになるように思う。

7　冬の水辺を彩る水鳥たち
―カモ類とクイナ類―

冬の川辺は水鳥で賑わう。その主役はカモ類だ。矢田川で普通にみかけるのは、コガモ、ヒドリガモ、マガモ、そして、渡りをしないカルガモは年中みられる。ヒドリガモは最近特に増えたような気がする。私の記憶では、昔はオナガガモが普通にいたが、どういうわけかこの辺りの川辺ではみかけない。同じく、小幡緑地公園や藤前干潟にも多数いるホシハジロもここではみかけないのが不思議だ。また、名古屋城のお堀にはたくさん飛来するキンクロハジロも川辺ではみかけない。微妙な水の状態への好みがあるのだろうか。

最近、川や池にカモ類などがくると餌を与える人がいる。自然の生き物との触れ合いはわくわくするものではあるが、基本的に野生の動物に餌を与えることに私は疑問を感じる。パンなどのかけらを持ってあちこちにばらまくと水が汚れることが心配だし、鳥の側も学習して人をまったく警戒しなくなる。矢田川でもカモ類が多く集まる場所では、人が近づくと向こうから集まってきてしまう。野性味を失ってしまった姿に虚しさを感じるのは私だけだろうか。

　ところで、同じような場所にいて同じような餌を食べていると思われるカモ類なのだが、人が播《ま》く餌への反応には違いがある。カルガモ、オナガガモ、ヒドリガモは矢田川周辺ではどんどん人に寄ってくる（写真7-1）。矢田川ではみかけないがホシハジロもよくくる。これに対して、コガモとマガモ（写真7-2、3）はかなり警戒心が強く人には寄ってこない。体の大きさや狩猟対象になりやすいなどの事情も何か関係するのかもしれない。私

写真 7-1　ヒドリガモ、カルガモ（2022/3/7）

写真 7-2　コガモ（2021/2/10）

写真 7-3　マガモ（2022/2/8）

のささやかな経験だが、伊那谷の天竜川に行ったときに、堤防から幅一〇〇メートル以上もある川にいるカモ類に出会った。鳥との距離が五〇メートルはあろうかという距離なのに、どのカモも人の姿をみるといち早く飛び立って少し離れた場所に移動するのである。驚いたのは矢田川では餌を求めて人懐っこすぎる印象すらあるカルガモまでも警戒する。勝手な想像だが、長野あたりだと狩猟地域に近くてその現場を経験している個体が多いのかもしれない。

写真 7-4　ハシビロガモ（2021/1/14）

ごくたまにオシドリも訪れる。私が出会ったのは二〇二一年の春だけだが、この年に三回ほど出会った（写真e・4頁）。小幡緑地公園の池などではみたという話を聞いていたが、最初にみかけた時はちょっと興奮した。あの飾り羽はいつみても美しい。上高地の池などでみた記憶があるが、普段の散歩道で出会えることにはちょっと得した気分だ。

矢田川ではハシビロガモにも出会うことができる。ハシビロガモはその名の通りくちばしが幅広く特徴的な顔をし

写真 7-5　オオバン（2021/2/8）

ている（写真7－4）。時々テレビなどでも紹介されるが、ハシビロガモは独特の餌採り行動を示す。彼らは幅の広いくちばしを使って、水中のプランクトンなどをこしとるのだそうだ。その時に自分たちで水の渦をつくるために水面をグルグル回る行動をする。私がみたことがあるのは二羽でのグルグル回りだが、時には多くの個体がまとまっておこなうこともあって、なかなかの壮観である。ただ、この行動は池のように水の流れがない場所では有効だが、川のような場所では効果がないのだろう。実際、矢田川を泳ぐハシビロガモではこの行動をみたことはない。ここでは餌を採っていないのか、あるいは違う方法での餌採りをおこなうのか、興味深い。

カモ類ではないが、これ以外にカモとともに餌を採る鳥としてオオバンがみられる（写真7－5）。あちこちの川や湖で、オオバンは近年非常に数が増えているような気がする。あるいは今まで私が単に気づかなかっただけだろうか。人の餌播《ま》きにもオオバンはたいへん積極的でカモ類と競って餌を奪い合う。

オオバンと同じクイナのグループとしてはバンがいる。オオバンの白く目立つくちばしとは異なって、黄色から赤褐色のくちばしをもつちょっと地味な鳥だ。矢田川では二〇二一年に川の中州で営巣をしていたようで、この年は一カ月程度の間同じ場所でつがいをみることができた。でもオオバンとは異なってかなり警戒心が強く、もちろん人に寄ってくることなどはない。その後、この場所ではみかけなくなってちょっと残念であったが、二年後にすぐ近くの池で泳ぐ姿をみかけた。数は多くないがこの周辺に継続的にいることがわかりホッとした。なお、同じグループのクイナは川岸を走る姿に一度だけ出会った。やや遠くからで撮れた写真の出来も今一つであったが、あの尻尾をピンと上に突き立てた姿は特徴的で間違いなく確認できた。

8　水辺に密かにたたずむ鳥たち

―コチドリ、イカルチドリ、イソシギなど―

矢田河原を散歩しだして周囲の鳥たちに注意を払うようになると、目が慣れるまで気がつかなかった河原にたたずむ鳥たち、あるいは近づくと素早く飛び立って視界から消える鳥たちの存在に気づくようになる。

その代表例が河原の石と色がよく似ているチドリの仲間だ。矢田川でみかけるチドリはコチドリとイカルチドリだが、この二種はなかなか識別が困難で今も確信をもって区別できない。私の識別ポイントは全体的な大きさと目の周りの黄色いリングである（写真8-1、2）。コチドリはやや小型で黄色いリングがよりはっきりしている。そのつもりで河原をみるようになると、意外に頻繁に出会うことができる。ただ、警戒心が強く、周囲の石ころにカムフラージュした姿をみつけた時には飛び立たれた後、ということがしばしばである。

彼らは河原の石の上に巣を作り石とそっくりな卵を産むそうだ。春先には人が近づくと飛び立って明らかに警戒する姿に出会うことがある。おそらく近くに巣があるのだと思うが、邪魔してもいけないとの気持ちもあって残念ながら巣をみつけたことはまだない。矢田川程度の大して広くはない河原では、川の水位の上下のたびに営巣した場所が水没することがあるので、あまり良好な繁殖場所ではないように思う。

同じような場所で川岸の擁壁などで餌をついばむシギがいる。こちらも警戒心が強くて当初なかなか正体がわからなかったが、徐々に目もなれてきてイソシギであることがわかった。慣れてくると、翼の付け根付近の白

写真 8-1　イカルチドリ（2021/4/30）

写真 8-2　コチドリ（2021/3/11）

い羽毛がはっきりとした目印になって識別しやすくなった（写真f・4頁）。

これらのチドリやシギは藤前干潟にもたくさんいる。いずれも川と河口部の接続する場所が生息域になっているのだと思う。私の散歩道は庄内川が名古屋港に流れ込む河口から二〇～二五キロメートルくらいの位置にある。もちろん自然あふれる河川敷とは言えないが、三面張りコンクリート壁というようなことはなく、石ころの河原などがある程度続いている。こんな、海、河口部、中流部の環境の接続がこれらの鳥たちに生息環境を提供しているのだろう。

写真8-3　アオアシシギ（2022/11/3）

単発的な出会いではあるが、散歩道から川を眺めていて、アオアシシギ（写真8-3）とキアシシギにそれぞれ一回ずつ出会ったことがある。海とのつながりのある環境がこれらの鳥を呼び寄せているのだろう。また、同じようにユリカモメが川に沿って飛ぶ姿をみたことがある。ユリカモメは小幡緑地公園の緑ヶ池にはほぼ毎年少数ながら飛来している。

おそらく川沿いに飛んできているのではないだろうか、これも海とのつながりを感じさせる鳥だ。

この場所にちなんだ話①

矢田河原はハッチョウトンボのゆかりの地

ちょっと休憩して私が以前共同研究者と調査していた昆虫の話をしたい。

東海地方にはあちこちに湧水で潤された小さな湿地が点在する。そのような湿地にハッチョウトンボという体長わずか二センチメートルほどの世界最小のトンボがいる。このトンボは九州から青森にいたる各地に分布しているが、東海地方は生息地が多いだけでなく、その名前が付けられた経緯にも深くかかわりがある。しかもそのゆかりの地がまさにこの私の散歩道なのである。

ハッチョウトンボの「八丁」は何を意味するのか、それがどのような経緯でつけられたのかいくつかの説があるが、現在定説となっているのが「矢田鉄砲場八町目」に由来するというものだ（詳細は拙著がweb上で公開されているのでご覧下さい、「なごやの生物多様性3：11-15 2016」）。

江戸期後期に尾張藩では本草学（博物学）がたいへん盛んで、著名な学者が多数現れた。当時長崎のオランダ商館医として日本を訪れていたシーボルトが江戸参府の途上で尾張を通過した際に、大河内存真《ぞんしん》という尾張藩の博物学者が『蟲類寫集《ちゅうるいしゃしゅう》』とその説明書を手渡しているが、その中にハッチョウトンボの記述がある。そこには「日本に於いて矢田鉄砲場八町目」のみに産す、これにちなんでこの名前が付けられた、と記されている。

「はじめに」に記したが、当時、矢田河原は藩の射撃稽古場が設置されており、現在の長母寺付近に発射台があったようだ。射撃結果の検証のために、河原には一丁（あるいは「町」）ごとに松の木が植えられていたとの記録があり、そこからすると八丁目は発射地からおよそ八五〇〜九〇〇メートルであり、ちょうど現在の大幸公園や宮前橋付近にあたる。そこがハッチョウトンボ命名のゆかりの地だとすると、なんと我が家から徒歩五分以内の場所である。その記載から一五〇年ほど経って、その場所に自分が住みつつハッチョウトンボの調査をおこなうことになるとは何というご縁なのだろうか。

ところで、このトンボに関しては後にさらにわかってきたことがある。定年の数年前にある方から十八世紀後半に刊行された『張州雑志《ちょうしゅうざっし》』という文書の復刻版をいただき、そこにトンボの絵があることを教えていただいた。この文書は当時の尾張藩主の命を受けて藩士で画家でもあった内藤東甫《とうほ》という人が極めて精力的に編纂した地誌である。その九十四巻に矢田村の記述があり、その中の「土産」の記述として「極めて小さな赤いトンボがいること」と実物大と思われるスケッチが記されている。この記述は間違いなくハッチョウトンボを指していると思われる。矢田村はちょうど鉄砲稽古場のあった付近であり、当時からこの付近にはハッチョウトンボがいたことが確認できるのは興味深い。現時点で、これがハッチョウトンボに関するもっとも古い記述である。

私にとってハッチョウトンボはますます身近な存在になった。

9　冬の「センダン食堂」に集うにぎやかな仲間たち

―ヒヨドリ、ムクドリ、ツグミ―

矢田川河川敷には多くのセンダンの木がある。成長の速い木なので大人でも抱えきれないほどの太さに成長している木も少なくない。樹高も一〇メートル以上で枝を広く横に張る。初夏に小さな、でもよくみるとなかなか美しい花を多数つける。この木が秋になると実を鈴なりにつける。熟してくると黄色い房のようで葉がすっかりなくなった木にまた花が咲いたようだ。

この木の実を鳥が食べにくる。その主役はヒヨドリ、ムクドリ、そしてツグミである（写真9-1、2）。ヒヨドリとムクドリは特に秋から冬にかけて大量に集まってくる。ヒヨドリは「キーキー」というけたたましい鳴き声が特徴で、とにかくうるさい。一方ムクドリはこれまた「超」がつく大集団をつくりセンダンに群がる。

私の印象ではあるが、彼らはまず先にトウネズミモチの黒い実を大騒動で食べる。この実が食べ尽くされると次にセンダンにくるように思う。鳥にも餌の好みがあるので、ト

写真 9-1、9-2　センダンの実をついばむムクドリ（左）（2022/2/26）とヒヨドリ（右）（2021/1/7）

ウネズミモチの方がよりおいしいのか（勝手な印象ではあるが、私からみるとトウネズミモチの実の方が果肉もジューシーでおいしそうに感じるが……）、あるいはセンダンが冬の深まりとともにおいしさが増すのか、本当のところはわからない。センダンの実にはサポニンという毒成分があるとのことなので、この成分の量などとのかかわりもあるのかもしれない。とにかく、三月くらいになると、あれほどあったセンダンの実がすっかり食べ尽くされる。

センダンは熟した実をむいてみると果肉は大して無くて中に大きな種がある。長さ一センチメートル近くもありそうな大きな実を彼らは飲み込んでしまうようだ。とくにムクドリは付近の電線などに止まって、そこで種を糞とともに排出する。その結果、矢田川周辺のあちこちで点々とセンダンの種が落とされることとなる（写真9

－3）。センダンにとってこれは思うつぼ、これによって河原で彼らの勢力を伸ばしているのだろう。

ところでムクドリについては昔から興味をもっていることがある。彼らは夜に集団のねぐらをつくり、これが街中の街路樹であったり校庭の立ち木であったりしてその騒々しさと糞害でしばしば迷惑がられている。このねぐらに入る前に、彼らはよくねぐら近くの電線にきれいに並んで一休みをする。その際、彼らはほぼすべてが同じ方向を向いている上に、面白いことに実にきれいなスペーシングをおこなう。我々人間でも恋人のような関係であれば別だが、普通、見知らぬ隣の人との間には一定の距離を置きたくなる。例えば、駅で電車を待っているとき、銀行のＡＴＭで並ぶとき、特に言われなくても近すぎもせず遠すぎもしない微妙な距離間隔をあける。これが近すぎると悪意はなくてもちょっと嫌な感じを持つし、遠すぎると横入りを

写真 9-3　河原近くの電柱の下の駐車場に散乱するセンダンの種（2023/3/23）

されてしまう。こんな距離感をスペーシングというのだが、彼らも我々とまったく同じ感覚を持つように私は思う。

その証拠に、電線の上で並んでいるときに、時々割り込んで止まるものがいる。そんな時に、割込まれた場所では「近すぎ」になるため、やむなく割り込まれた方は反対側に少しずれる。そうすると次の個体にとっては自分のパーソナルスペースを犯す個体が現れることになるため、また少し横に移動する。つまり、一羽が厚かましくも割り込んでくると、順次横に連鎖的にずれていくこととなる。こんな時にムクドリのことなので、ギャーギャーと騒ぎ声まであげ一層うるさいことになるわけである。夕刻のあわただしいときにのんびりと電線をみるほど暇はないという方も多いかもしれないが、一度こんな光景に出会ったらちょっと足を止めてながめてみて下さい。割り込みを受けた時にいらだたしさを感じている鳥に何となく親しみを感じられると思う。ただし、糞が時々降ってくるのでくれぐれもご用心を。

上を向きついでにもう一つ話題を書こう。ちょうどこれを書いている窓の外にはいま桜が咲き出している。桜は満開を過ぎると花弁が一斉に散りだして、風が吹くと桜吹雪の素晴らしい光景がみられる。ところがこのような散り方とは違って、桜の木の下に一つずつの花が柄をつけたまま多数落下している光景に時々出会う。そんな木を見上げると、ヒヨドリが桜の花蜜をねらって花をついばみ、次々と花を食い散らかしている。ヒヨドリだけでなくスズメもよくこの行動をとるが、我々からみると、ちょうどきれいに咲き出した桜の花に「何ということをするのか！」と思うのだが、彼らだって甘い蜜は欲しいのだろう。あれだけたくさんある花なのでまあ少しは大目にみてやろうか。

写真 9-4　姿勢のよいツグミ（2022/3/9）

さて、もう一種類、センダンの実を食べる仲間としてツグミがいる。冬になると多数訪れるが、ヒヨドリやムクドリに比べれば数も少ないし、彼らのようなうるささもない。そして、なんといってもその立ち姿が私は好きだ。ツグミは木の上にいるときも地上にいるときも実に姿勢がいい。と言ったって、これは私たち人間からみた印象でしかないのだが、キリっと胸を張って止まる姿は、私の目にはかっこよく写る（写真9-4）。うるさい上にのこのこと地上を歩くムクドリとはえらい違いだ（大いなる偏見である！）。ツグミは過去に食用にされる野鳥の代表格であったようだ。もちろん今は捕獲が禁止されているが、あの威厳のある姿をみると食べるのは少しはばかられる。

10 「普通の鳥」の代表格 ―スズメ、カワラヒワ―

町の中で当たり前にみかける鳥の代表がスズメである。バードウオッチングをしていても、スズメにはまず注意を向けない。そんな気持ちがすっかり身についていて、私も散歩の中でスズメを撮影したことは数えるほどだ（写真10－1）。ただし、近年、屋根瓦の家が減ってきたこともあって、スズメが好んで巣を構える場所が少なくなり、全国的に数が減っているとのことである。とはいえもともと河原の環境はスズメが特に好む場所ということもないからか、私の散歩道で減少している印象はない。冬から春にかけて、草の穂先をついばむ群れをよくみかける。

矢田河原ではむしろカワラヒワが目につく。大きさはスズメとほぼ同じ、でも飛び立つと翼の黄色い羽毛が目立つ。時期によってはスズメよりも数が多いようだ。名前にも「河原」がついているので当たり前なのかもしれない。近くでみるとなかなかきれいな鳥で、チャンスがあるとついカメラを向けてしまう。太いくちばしを使って草の穂をついばむ姿はとても愛らしい。

写真 10-1　河原のスズメの群れ（2022/2/8）

最近、矢田川に限らず、上流から流れてくるのであろう菜の花の仲間が春先に大繁茂する。菜の花の仲間なので、花盛りになると一面が黄色く色づいて遠目にみるとなかなか美しい。花のシーズンが終わると実がつくが、これが彼らには格好の餌のようで、種をついばむ姿がよくみられる（写真10－2）。このほかにも随分いろいろな草の実を食べているようだ。

矢田川でもご多聞にもれず特定外来植物のオオキンケイギクがかなり繁茂する場所がある。最近はこの植物の悪名がかなり知れ渡ったこともあって、散歩がてらに抜き取ってくれる方もいるが、なにしろ並大抵の数ではないことや花が咲く時期には根の張りも強くてなかなか抜き取れないこともあって、相変わらず厄介である。ある時、オオキンケイギクの花が終わって種がついている株の上で、カワラヒワが種をついばんでいる姿に出会い、

写真 10-2　菜の花の実をついばむカワラヒワ（2022/4/25）

カワラヒワがオオキンケイギクの種も食べることを初めて知った。人の手ではなかなか取り切れないオオキンケイギクをカワラヒワが少しでも退治してくれるとありがたいものだ。種をついばむいろいろな鳥たちに期待したい。

一つ余談だが、私は時々長野県の駒ヶ根に行く。こちらにもカワラヒワがたくさんいるのだが、ある時、木立から「ジー・チチチ、ジー・チチチ」と繰り返し鳴く声が聞こえて何だろうと思った。しばらく探してみると、カワラヒワがこの声を出している現場に出会った。この鳴き声は駒ヶ根ではその後も毎年聞くのだが、どうも他の場所では聞いたことがない。ネットなどで調べてみても、名古屋でもよく聞く「ジー、ジー」と繰り返す鳴き方は出てくるのだが、なかなかこの鳴き声は出てこなかった。ただ兵庫県の方が録音した声がよく似ていて、解説には「特殊声」と書かれている。私には「特殊声」とはどんなものなのかがわからないのだが、少なくとも鳥の鳴き声は我々が想像していた以上に多様かつ複雑で、多くの情報を伝えていることが近年わかってきたようだ。鳥のさえずりには方言があることも知られている。もしかして私はカワラヒワの信州弁を聞いているのかな！

11 何といっても猛鳥 ―ハシボソガラス、ハシブトガラス―

カラスはどこに行っても嫌われ者だ。そして、とにかくたくさんいる。私が住むマンションでも屋上の上を飛びまわっている。彼らの狙いの一つは生ごみだ。私の住む地域では週に二回の生ごみ収集があり、もちろん所定の袋に入れて所定の金属かごに入れるようにするが、それでもその上から袋をつついて中のごみを引っ張り出す。やむなくかごはかなり頑丈なロープのネットで覆い、カラス害を防いでいる。猛禽類の項でも書いたが、カラスは体の大きさとその数に物を言わせて、河原の鳥世界でも我が物顔である。食べ物になりそうなものがあればいち早く訪れるし、他の鳥の獲物まで奪い取ろうとする。

矢田河原でみかけるカラスは多くがハシボソガラスである。鳴き声が「ギャー、ギャー」と濁りがある。これとともにくちばしがより太くて鳴き声が「カー、カー」と聞こえるハシブトガラスも混じることがある（写真11-1）。こちらはどちらかというと木の多い場所にいる傾向があるようだ。ただどちらも似たような生活形態をしていて私がみる

写真 11-1　ハシブトガラスの「行水」（2021/3/11）

写真 11-2　センダンの木のハシボソガラスの巣（ハンガーが多数みられる）（2023/3/12）

限り、明確な棲み分けはなく相互に特に排他的な関係があるようにも思われない。

　カラスはとにかく嫌われ者で、鳥に餌を与えに訪れる人でもカラスは避けている気がする。そんなせいもあるのか、たまにはと思っていざカメラを向けて写真を撮ろうとすると、警戒心があってかなり遠くでも飛び立つ。こちらもあまり積極的に写真を撮ろうという熱意がなく、結局カラスの写真はあまりきれいなものがないことに気がつく。やっとみつかったのは、センダンの木に作られた巣でハンガーがたくさん使われているのが面白くて撮った写真だ（写真11－2）。

カラスの厚かましさ、猛禽類にも立ち向かう攻撃性は日常的に目にするが、時に本当に「猛鳥」としての姿をみせることがある。私の住むマンションに隣接してちょうど屋上が見通せる建物があるのだが、その屋根の隙間にときどきハクセキレイが巣をつくる。「チー、チー」と鳴き声を立てながら忙しく餌運びをおこなう姿がみられる。ある時に、

写真 11-3　ハクセキレイを襲うハシボソガラス（2021/6/5）

ちょうど雛の巣立ち時期であったのだろう、親の後を追って餌をねだる姿がみえていた。そんな時に、急に騒々しい鳴き声が聞こえてきたので、何事かと思ってみてみると、カラスが二羽ほど来て明らかにハクセキレイの雛を狙っている様子に出くわした。カラスは激しく雛を追いかけ、一方のハクセキレイの親も敢然と立ち向かってはいるのだが、力の差は歴然で間もなく屋根の陰から鳥の羽毛が飛び散る様子がみえた（写真11－3）。親鳥はしばらくその場を離れることなく鳴いていたが、やがてその場を離れていった。まさにカラスの猛鳥ぶりを目の当たりにした瞬間だった。

やはりなかなか愛することのできない鳥だ。でも考えてみると、オオタカなどは毎日のように他の鳥を襲っているのに、なぜか威厳を感じてその姿に魅了される。実に大きな自己矛盾であり、明らかなえこひいきではある！

12　河原の主人公　―ハクセキレイ、セグロセキレイ、キセキレイ―

前項でカラスに襲われる悲劇の主人公であったハクセキレイは、最近水辺でとても数を増やしている鳥だ。河原を散歩しているとセグロセキレイにもよく出会う。どちらも白と黒のツートンカラー、長い尻尾を上下させながら河原の砂利の上を素早く歩き、飛び立てば波打つような特徴的な飛び方をするとともに、急旋回なども自由自在でとても活動的な鳥だ。

ハクセキレイとセグロセキレイはとてもよく似た色合いで、慣れないとちょっと区別しにくい（写真12－1、2）。セグロセキレイの方がやや大きめで顔の部分まで黒いのに対し、ハクセキレイは白色が目立ち黒い部分も幾分色が薄い。でも同じ環境を好むし、同じ場所で混在することもよくある。私の記憶では昔は河原にいるのは概ねセグロセキレイで、ハクセキレイは河口部の橋の周辺などにたくさんいると聞いていた。ところが、最近は私の散歩道でも圧倒的にハクセキレイが多い。それどころか、ハクセキレイは川辺を離れて町

写真 12-1　セグロセキレイ（2021/11/10）

の中にもごく普通にいるようになっている。これは全国的な傾向でもあるようだが、何か理由があるのだろうか。同じ生息環境（ニッチ）を利用する種類の間では微妙な力関係が働き、それが徐々にそれぞれの種の個体数の増減にかかわってくるようだ。この両種は同じ場所でしばしば出会い、ときどき追っかけ合いもしている現場をみるが、特にどちらかが強いという傾向は感じない。ただ、現状では数が明らかにハクセキレイの方が多いので、追っかけ合いの多くはハクセキレイ同士ということになる。

矢田川でもときどきキセキレイをみかける（写真g・5頁）。キセキレイはもともと少し山沿いの渓流周辺でみられる鳥だが、矢田川のような環境にも生息する。キセキレイの姿は他の二種と似ているが、その名の通りやや黄色味を帯びていて、体がやや小ぶりである。そのせいもあってか、ハクセキレイやセグロセキレイにみつかるとものすごく追いかけられる。やはり似た生活環境を利用し、似た餌を食べるもの同士は競争相手になってしまうのだろう。この環境ではキセキレイはどうみてもアウェーである。

私の記憶の中では、山間の渓流でみるキセキレイはしっぽを上下に振りながらさっそうと歩く清楚なイメージがある。そのイメージからすると清流とは言えない川辺で、ハクセキレイやセグロセキレイに追いかけられる姿はちょっと寂しい。近年特にハクセキレイは勢力範囲を広げていて内陸部にも進出しているようだ。キセキレイの本来の生息域ではどんな勢力関係になっているのだろうか。

写真 12-2　ハクセキレイ（2022/2/5）

13　河原の麗人
―コサギ、チュウサギ、ダイサギ、アオサギ―

川でも池でも、そして海岸でも、とてもたくさんいるのに、やはりその美しさに魅了されるのがサギの仲間だ。

河原でもっとも普通に、また時にはかなりの群れでみかけることができるのはコサギである。水辺で散歩をすればまさにありふれた鳥ではあるのだがでもやはりその清楚な美しさには目を奪われる。夏には美しい冠羽もみられてまさに「絵になる」姿である。画家の方々の目にも同じように映るのだろう、日本画の題材としてもしばしば登場する。コサギは年中みかけることができるが、特に秋から冬には川の上を群れ飛ぶ姿に出会い、ついカ

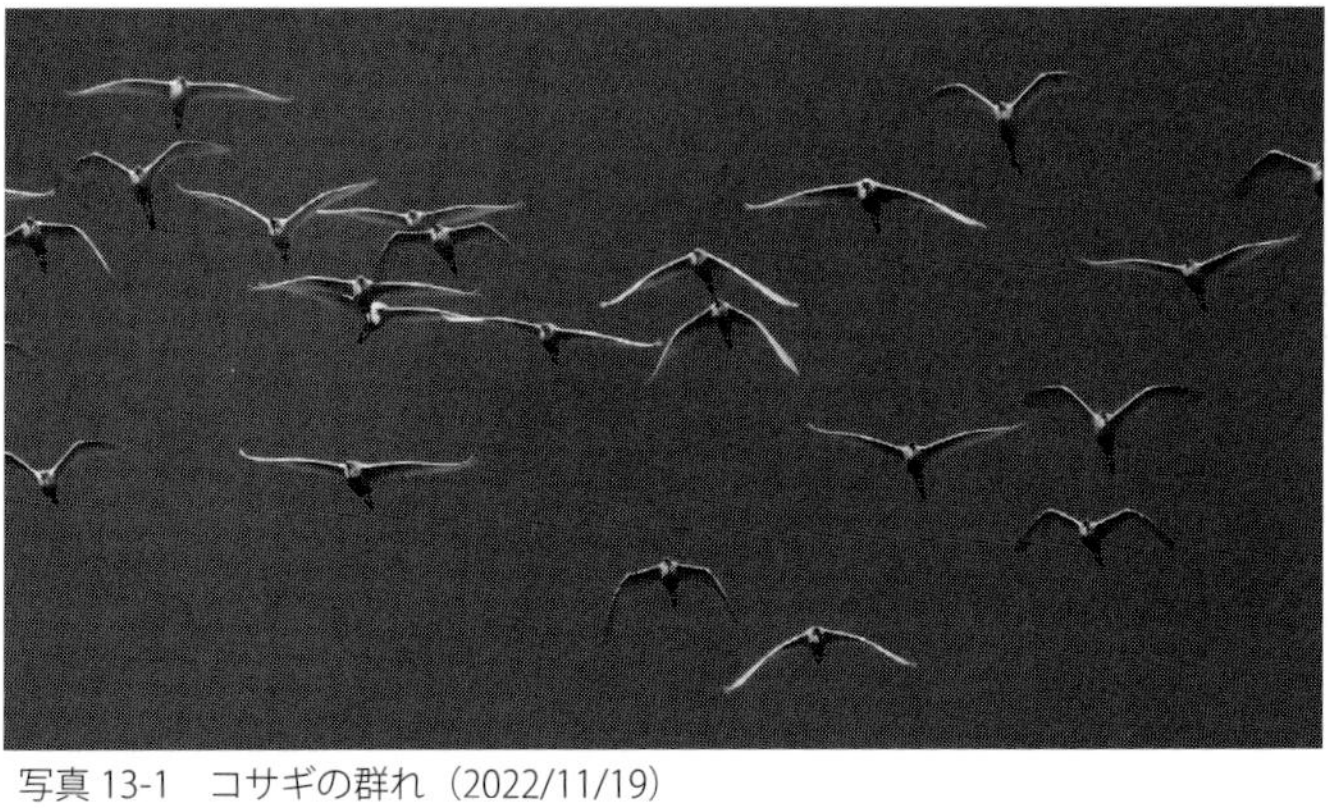

写真 13-1　コサギの群れ（2022/11/19）

メラを向けてしまう（写真13－1）。

同じ白いサギだがずっと大柄なのがダイサギである。ダイサギはコサギより体がずっと大きく、あまり群れることはなく川岸で獲物を狙う姿がある。このダイサギとよく似ているがやや体が小さいチュウサギがいる。こちらは特に近年数が減っているようで心配だ。事実、私もかなり意識して白い色のサギをみているつもりなのだが、確実にチュウサギと確認できたのは一回だけだ。識別がなかなか困難なのだが、くちばしの付け根のあたりの形態などでチュウサギと確認した（写真13－2、3）。

もう一種、河原で目立つのがアオサギである。日本で普通みかけるサギの中では最も大きいことと、翼などに灰色の羽毛が混ざるので区別は容易である。ダイサギと同様、普通は餌採りのために孤独に河原でスーと立つ姿に出会う。決して珍しい鳥ではないのだが、河原でたた

写真 13-2、13-3　チュウサギ（左）（2021/9/18）、コサギとダイサギ（右）（2021/12/18）

ずむ姿をみると、ついついカメラを向けてしまう。写真写りも実によい。

サギ類一般に言えることなのだが、実に清楚な姿ながら、顔を大写してみると目が鋭いのが特徴だ（写真h・5頁）。一言で言えば結構怖い顔をしている。とりわけアオサギはその姿の清楚さ、色の上品さ、スマートさ、実に楚々として人懐っこさをみじんも感じさせない姿が印象的だ。まことに個人的な感想であるが、美人でスマート、でもちょっと目が怖い、というと、そうだ、これは「パリコレのモデル！」と思った次第である。どなたか賛同して下さるでしょうか（写真i・5頁）。

身近にみられるサギとしては、このほかにゴイサギ、アマサギがいる。ゴイサギに関しては数年前に河原で「ひょっとしてそうかな？」と思う鳥影をみたが、確認できなかった。ただ、近くの茶屋ヶ坂池にはかなりいるので、ここにいても不思議はないが、彼らの好みは池のような静止水なのだろう。一方、アマサギは以前郊外の水田に行けば普通にいた記憶がある。私が勤務していた守山区の大学構内の松林が三十年くらい前にサギの繁殖地になって、糞の匂いやうるさい鳴き声に少々迷惑をしていたが、その時にはコロニーの中にアマサギがかなり含まれていたことを思い出す。このところなかなかみかけないのは何かの理由で町からは数が減ったのかもしれない。

14 旅の途中の出会いか？

―ホトトギス、ノビタキ、シメ―

多くの鳥が渡りという習性をもつ。私たちが季節によってごく普通にみかける鳥にもそんな例は多いが、日本で繁殖はするがその場所が私たちの住む街中ではない場合や、主な越冬地が里山の雑木林だったりすると、ちょっと郊外にでも行かないとその姿にはなかなか出会えない。ところが、そんな鳥にごくたまに出会うことがある。その理由は、郊外の里山環境などから越冬地へ旅をする途中でちょっと一休みに河原を訪問する場合だ。

二〇二一年の秋にいつも通りに河原を散歩していた時、これまでに河原では出会ったことのない鳥をみつけて早速写真に収めた。写真をゆっくり確認したところ、ノビタキであることがわかった（写真j・6頁）。ノビタキは日本で繁殖するが、その場所は本州中部以北のそれも高原などである。少なくとも名古屋の河原では繁殖しているとは考えにくい。とすると、考えられるのは越冬地への渡りの途中、矢田河原で一休みしていたに違いない。これはよい現場に出会えたと思っていたところ、翌年の秋にも数日にわたって出会うこと

写真 14　渡りの新しい行先？ 河原のセンダンに止まるシメ（2023/1/7）

ができた。おそらく、この場所が彼らの渡り途中の好みの休憩場所となっていて、毎年のように利用してくれているのだろう。なんだか嬉しくなった。

似たような例が他にもある。二〇二二年の秋のある日、散歩中にキジバトくらいの大きさだが、どうも飛び方の違う鳥をみかけた。何だろうと思いながら確認できずにいたところ、翌日同じ場所でまた飛ぶ姿に出会い、わりあい近くに止まってくれたので写真もとれた。まぎれもなくホトトギスであった（写真k・6頁）。ホトトギスは名古屋周辺でもちょっと郊外の林地に行けば初夏にあの独特の鳴き声を聞くことができる。だが、街中ではあまり聞いた覚えがないし、まして河原で聞くことはなかった。時期からみてやはりこれも渡りの途中だろうか。ホトトギスは自分で巣をつくらずに托卵をするという習性を持つが、後述するように托卵相手であるウグイスが河原にまで出てくる傾向があるようなので、その内にホトトギスもこの辺りでしたたかに繁殖をはじめるのかもしれない。

冬の雑木林で時折みかけるシメという鳥がいる。スズメよりは一回り大きくてくちばしが太く、私の印象では木の高いところで餌をついばんでいることが多い鳥である。いつか矢田河原でもみることができるのではないかと思っていたところ、二〇二三年冬にセンダンの木の高いところに止まっているのをみつけた（写真14）。河原の環境が変化することによって、北の繁殖地から私たちの周辺の里山に越冬のためにやってくるこれらの鳥たちともっと頻繁に出会えるようになるのかもしれない。河原がさらににぎやかになることは大歓迎だ。

15　川面を飛び交う軽業師
―ツバメ、イワツバメ―

渡りをおこなう鳥というとツバメはとても馴染み深い種だ。民家の軒先の巣は幸運をもたらしてくれるというし、水田で害虫をたくさん退治もしてくれる。日本人にはとても愛される鳥である。彼らが軒先に巣を構えるのは雨風をしのげる好適な環境であることに加え、ヘビやカラスなどに襲われるリスクを避ける点で好都合なのだろう。家の軒先以外にも、例えば高速道路の高架下などでもよく巣をみかける。

私が散歩をはじめたころ、春先に川の上をたくさんのツバメが飛んでいることに気づいた。川にかかる橋げたに巣を構えているのだろうと思ってよく観察すると、どうもその鳥がいつもみかけるツバメとは異なることに気づいた。まず二つに分かれた特徴的な長い尾羽根がない、それと腰のあたりに白い羽毛がある。調べたところ、どうもイワツバメらしい。最近都市部で増えていて橋げたなどでの営巣がみられるということだ。まさにそのとおりであり、宮前橋の橋げたを覗いてみると、集団営巣地と言ってもよいほどの巣がみつかった（写真15－1）。特に午前中には多数の親鳥が川面を飛び交い、おそらく餌を採っているのであろう、巣への出入りも頻繁に行われる。また時期によっては時たま地面におりて巣材とする泥も集めていた（写真15－2）。

その後しばらくして、普通のツバメが飛ぶ姿もみられるようになったが、宮前橋の周辺では完全にイワツバメが優勢でツバメはたまにしか飛んでいない。橋げたの営巣地はイワツバメに特に好まれていてツバメは他の場所を利用しているように思われる。餌の採集ではツバメも川面を飛び回っているが数では完全にイワツバメが圧倒している。河原から

写真 15-1　橋の下に作られたイワツバメの巣（2021/6/1）

写真 15-2　巣材の泥集め（2021/5/29）

二〇〇メートル程度の距離にある馴染みの床屋さんの軒先には毎年ツバメが営巣しているが、そんな場所ではイワツバメをまったくみない。つまり営巣地に関しては棲み分けているてツバメが追い出されているわけではないかもしれないが、少なくとも川面での餌採りでは圧倒している感がある。

調べてみると、イワツバメは近年日本で越冬もおこなうらしい。二〇二三年一月の冬真っただ中に川の上を飛び回るかなりの群れの鳥をみかけた。どうみてもイワツバメである。散歩をしている人の中にも驚いて見上げている方がいた。真冬の寒い中に空を飛び回る姿には驚かされる。温暖化が進んでいることは明らかではあるが、それにしてもこの寒い中を飛び回る姿には驚いた。

彼らは一体何をしているのだろうか。イワツバメの群飛の特徴なのだが、ある程度の塊となってしばしば向きを変えながら全体としてはあちこち移動を繰り返し継続的に飛翔する。この時期におこなうこととすれば餌の採取しかないように思う。でもこの寒風の中、餌となる虫が飛んでいるとは思われない。仮に少数のものが飛んでいるとしても、あれだけの飛翔に費やすエネルギーに見合う獲物を採れるのだろうか。私には納得できない行動である。

それはともかく、春になってまたイワツバメが橋げたに集まりつつある。今年も巣作りの開始時期だ。今後も増えていくのだろうか。

16　超強気でけんかっ早い鳥
―ケリ―

ケリはとにかくけたたましい鳴き声を出す。私は調査の目的で知多半島を時々訪れるのだが、五月ごろには常滑周辺の水田でしばしばその声を聞く。そしてその声は、周辺に近づくカラスやトビ、時には私自身にも向けられる。とにかくなわばり意識が強いのである。この時期に水田の周辺に巣をつくるのだろう、そしてそこに近づこうとするもの何にでも威嚇する。猛禽類にまでも激しく攻撃をするあのカラスに対して、あれほど敢然と戦う鳥は他にみない。

ただそれほどに気の強い種ではあるが、全体的にみると個体数の減少があり絶滅を危惧すべき種でもある。そんな鳥なので町の中でみるという意識が私にはあまりなかった。ところが、私が住むマンションの周辺で春になるとあのけたたましい鳴き声を時々聞くのである。ベランダからみていると近所の三階建てのクリニックの屋上から飛び立っている。飛び立つ原因はたいていカラスに対する攻撃である。どうも屋上に営巣地があるようだ。

あのけたたましい声を張り上げながら、少なくとも建物から一〇〇メートル程度の範囲まで執拗に追いかける。子育てが実際に行われているのかはわからないが、少なくとも三年間はこの状態がみられる。

河原の砂利や砂浜に営巣するコアジサシが海岸近くの建物の屋上に人工的に作られた砂浜で営巣するという話を聞いたことがあるが、ケリについては営巣地が水田でありあまりそんな話を聞いたことがない。グーグルマップでみると、クリニックの屋上の三分の二ほどの面積がコンクリート(?)のでこぼこしたブロックのようなもので覆われているようにみえる。どんな構造になっているのか機会があればぜひ一度屋上をみせてもらいたいものだ。そして本当にここが営巣地になっているのなら、人工的な営巣地を作る工夫のヒントになり、保全にあたって大いに参考になるように思う。

このような背景があるせいか、矢田河原ではときどきケリをみかける。それほど頻度は高くないがでも毎年何回か

写真16　ケリは飛び立つと白い翼が目立つ（2022/2/22）

確認している（写真1・6頁）。警戒心が強くて少し近づくと飛び立ってしまうが、ハトよりもかなり大きな鳥だし飛び立った時の翼の白い模様が印象的だ（写真16）。ただし河原でみかけるときはあの気の強さは影を潜めていて、あまりけたたましく騒ぐことはない。ということは、河原に営巣地があるわけではないのだろう。

ケリの仲間にタゲリという鳥がいる。三十年以上前に息子と河原で自転車に乗っているときに一度みかけたことがある。タゲリは独特の冠羽を持ったとても美しい鳥なので、見間違うことはなく今も強く印象に残っている。おじさん散歩をはじめてからケリには時々出会うので、何とかタゲリにも出会えないかと期待しているのだが、残念ながらまだ会えていない。当時とは微妙に環境が変わったのだろうか。いつかまた会える日を待ちたい。

17　草刈りとの競争
―ヒバリ―

春の訪れを告げる鳥の鳴き声といえば何といってもヒバリだ。昨日まで寒い北風に背を丸めて歩いていたのに、ぽかぽかの陽気で薄着に変えて背筋を伸ばして歩いていると、河川敷から飛び上がってホバリングしながら「ピーチュル・ピーチュル」と鳴く姿に出会う（写真17-1）。これを聞くと文句なく春の到来を感じる。ホバリングしながら徐々に高度を上げていき、やがて突然スーッと地表に降りてくる。降りてきた後のヒバリは巣を守ろうという意識があるのか、注意しながら近づくと割合に近くからその姿をみることができる。

みた目は割合に地味な褐色のまだら模様の鳥だが、頭

写真 17-1　ホバリングするヒバリ（2021/3/10）

写真 17-2　特徴的なモヒカン頭（2021/6/1）

の羽毛を立ててモヒカン頭になるのが特徴だ。矢田河原では冬や夏にも姿をみかけるが、なんといっても春には目立つ。春の河原の主役はやはりヒバリだ。あれだけ目立つとつい写真も撮ってしまう。近づきやすい鳥でもあるので結果的に写真もたくさん残っている（写真17－2）。

「はじめに」にも書いたように、最近は河川敷の整備がとてもよく行われ、家族連れがテントを張り、若者がさまざまなスポーツに興じる場所ともなっている。もちろん河川緑地なので夏になると草がどんどん伸びて、そのままに置いておくとあっという間に人の背丈を超えるほどの草むらになる。このような場所はさまざまな事情から外来植物が侵入・繁茂しやすく、外来種のオンパレードといってもよい。近年目につくのはオオブタクサやアレチウリなど各地で問題化しているが、ここでも大きく成長繁茂しみるみるうちに河川敷を覆ってしまう。そんな事情もあってか、以前は年にせいぜい二回程度しか行っていなかった草の刈り取りが最近はかなり頻繁に行われる。

これは散歩する我々のような利用者にとっては都合がよいが、考えてみるとヒバリにとっては随分迷惑なことではなかろうか。彼らは草原の地表に営巣するので草刈りが頻繁に行われると巣が壊されることにつながる。また壊されないまでも周囲の草が刈られてしまうことによって巣が露出して天敵からの攻撃も受けやすくなるに違いない。河原のヒバリたちは河川管理、特に草刈りと草の成長の競争の狭間にいるように思う。ただ、決して甘いことではないと思うが、あれだけ草刈りが行われてしまっても今のところ毎年ヒバリは現れてくれる。彼らなりの何らかの対策をもっているのなら嬉しい。

18　河原の恥ずかしがり屋

―ジョウビタキ、シロハラ、アオジ―

この三種をひとくくりにするのはちょっと気が引けるが、私の独断でまとめてみた。ただしジョウビタキは私の中でもやや印象が異なる。

写真を撮っているとどうしても陽の光がしっかりとある開けた場所での撮影をしたくなる。何といってもきれいに写るからである。ジョウビタキはその点ではまずまずよい場所に現れるが、俊敏に動き回る上に木の枝などが入り組んだ場所が好きなようで、なかなかよいアングルに出会えなくて悔しい思いをすることも多い。オスは特にとてもきれいな色をしていてオレンジ色の腹部、紋付のような白い模様をもつ翼が映えてみつけるとつい写真に収めたくなる。私の印象では、昔から特に珍しいというような鳥ではなかったものの、近年特に町の中でも出会うことが多い気がする。河原を散歩していると、冬であればほぼ毎日出会うといってよい。それほどに普通に出会える種でありながらその美しさには目を引かれ、出会いが嬉しい鳥だ（写真m・7頁）。

さてあとの二種、こちらは完全に「日陰生活者」「写真嫌い」「恥ずかしがり屋」だ。もともとこの二種は里山環境の藪の中に潜んでいて、あまり開けた場所には出てこない。それゆえに河原は本来の生息環境ではないはずだが、最近、河川敷にもある程度の厚みのある藪ができてきて、彼らが住みうる環境になってきた。

写真18-1　河原の藪に潜む恥ずかしがり屋のシロハラ（2021/1/9）

シロハラに最初に出会ったのは千代田橋の上流側左岸の藪で、私としては河原で出会うとは思わなかったことから少々驚いた（写真18－1）。しかしその後も時々ではあるが、藪の中で飛びまわる姿をみかけ彼らが定着していることは確かだ。ただ、何しろ藪の中でやや薄暗い上に、なかなか警戒心が強くて河原では未だ納得できる写真が撮れていない。

もっと隠密生活なのはアオジである。藪の周りを歩いているとスズメサイズの小鳥がしばしば飛び出てくる（写真18－2）。姿と色から肉眼でアオジと確認できるのだが、何しろ俊敏ですぐ近くの藪の中に入り込むのまでは

写真 18-2　アオジ（2021/1/31）

みえるが、それを再びみつけ出すことは至難の業である。姿をみつける前に「チッ、チッ」という声に気がつくこともあるが、声のするあたりをのぞき込んでも、飛び出す小鳥の影をみるのが関の山ということが常だ。

シロハラもアオジも見栄えのする美しい鳥というわけではないが、少々意地になってでも河原できれいな姿を写真に収めたい。

この場所にちなんだ話②

矢田河原に進出する哺乳類

矢田河原にこれほど多くの鳥たちが生息するのだから、哺乳類だっていても不思議ではない。哺乳類は夜行性のものも多いため、昼間に散歩するおじさんとしては出会う頻度が落ちるのはやむを得ない。とはいえ、ときたま川を泳ぐヌートリアや草むらから飛び出すイタチ（おそらくシベリアイタチ）に出会える。

私は定年の少し前に、勤務していた大学でアライグマやハクビシンが出現するという話を聞いて、自動撮影カメラによる調査を行ったことがある。二〇一三年四月にそのカメラにキツネが写り一部のマスコミでも話題として取り上げられた。この調査場所は名古屋市郊外の里山的な景観の場所ではあるものの、その周囲は住宅地に囲まれて交通量の多い道路も多数走っている。もう少し離れた瀬戸方面の丘陵地につながる場所ではキツネは以前から出没していたようだが、都市部での出現はほとんどなく名古屋市のレッドデータブックに絶滅危惧種として挙げられてもいたからだ。

そんな中での発見に力を得て、哺乳類の専門家とも協力しながら、この地域への侵入経路の調査を行った。その結果、どうも彼らは庄内川河川敷伝いに分布を拡大しているらしいこと、庄内川河川敷ではすでにかなり河口部にまで分布していること、高速道路などの障壁もトンネルや橋を利用して渡っている可能性が高いこと、などが判明した。

そんな調査から数年たち、キツネのこともかなり忘れていた二〇二二年十一月に、いつものように鳥を探しつつ歩いていたところ、矢田川の中州でのんびり（？）と日向ぼっこをしている子ギツネを発見した。早速写真も撮って以前お世話になっていた専門家にも相談したところ、どうもキツネがあちこちで都市内に侵入しているとの情報をいただいた。矢田川では合計四回ほぼ同じ位置でキツネに出会うことができ、この場所に定着している可能性が高いと推定された。ただどうも出会うキツネはみなダニが媒介する疥癬《かいせん》にかかっているようで、この点は少々心配ではある。

キツネは都市に適応しやすい動物であるようだ。有名な例では、ロンドンの街中には非常に多数のキツネが生息していることが知られている。彼らは人家に隣接して巣をつくり、庭先にある犬や猫のペットフードという栄養豊富な餌を利用するだけでなく、野良猫・野良犬に負けじとゴミあさりもして野良ギツネとしてしっかり適応している。今すぐにということはないとしても、我が国でも同様の事態が起こることは必定である。

野生動物と人間が共存することは良いことだが、その付き合い方には充分な注意が必要だ。基本的には野生生物と人間の間には超えてはいけない一線があると私は思う。例えば体に直接触れることはぜひ避けるべきだ。特にキツネの場合はエキノコックスという感染症の危険もある。この点はぜひ注意したい。

この項の話はこれで終わるつもりだったのだが、実は私がキツネに出会ったわずか数日後に、各テレビ局で「矢田河原にイノシシ現る！」というニュースが放映された。みると、まさに私がキツネを目撃した場所だ。現れた二頭のイノシシはその後大曽根方面に走り去り、その日の夜には平安通の交通量の多い道路にまで現れたそうだ。結局その後イノシシは行方不明になったのだが、名古屋市内の矢田川ではこれまでイノシシの目撃はなかったので少々衝撃である。イノシシも地域によっては街中に普通に現れている場所もあり、都市環境への適応の可能性は高い。

鳥たちと同様、哺乳類もそれぞれに新たな環境への適応をしている。つまりこちらも「都会っ子」になっているようだ。野生生物が身の回りに普通にいる環境は嬉しいことではあるが、「都会っ子」は「野良○○」にもなりかねず、そんな動物がいっぱい出現するのも考えものだ。

19　平和のシンボル？　―ドバト、キジバト―

ハトと言えば日本ではまずドバトを連想する。とにかくどこにでもいる。もともと人に飼われていたものが野生化した種なので純粋に野鳥とは言えないが、野生の鳥であることには違いない。どんな環境にもたくさんいて、もちろん矢田河原でも当たり前にみかける。カモ類などに餌を与える人がいるといち早くみつけて餌を奪い合う。河原周辺はドバトにとって餌の確保ができる上に、橋げたなど巣をつくるのに適した場所も随所にあるのでとても住みよい環境なのだろう。

ハトの仲間としてはもう一種キジバトがいる（写真19－1）。キジバトは私の子どものころには街中ではあまりみかけなかった。ところが徐々に町の中に侵入しはじめ、特に街路樹に巣をつくるようになり、さらにはマンションのベランダでまでも巣作りするとの話がニュースなどでも紹介されていた記憶がある。おそらく人家の近くはカラスなどの外敵から逃れる上で好都合な上に、雑食性なので人の残飯を含めた餌にも事欠かなかったのだろ

写真 19-1　センダンにとまるキジバト（2022/3/10）

う。都市に適応して習性を変えた「都会っ子」の鳥の先駆けと言えるだろう。

これらの種を含めてハト類は素嚢《そのう》という器官から分泌するいわゆるハト乳で子育てできるので、繁殖活動があまり季節を問わないという特徴がある。そのことが繁殖効率をより高め、いったん都市環境に入り込めば個体数を増やす上での大きな武器になっている。こんな背景が今の繁栄を支えているのだろう。

ところでこれだけ数がいるのなら自然の摂理として天敵の餌食にもなりやすいはずだ。これらを捕食している一例がオオタカなどの猛禽類だ。オオタカの項で紹介した、私が昔の勤務先でオオタカの襲撃痕をみつけた時の獲物もキジバトであった。専門家からの情報でも、獲物の多くはキジバトとのことであった。事実、その後複数回勤務先で襲撃痕をみつけたが、一回だけカケスが餌食になっていた以外はすべてキジバトだと思われた。ところが、矢田河原でオオタカが出現、襲撃痕がみられるようになってからは、ドバトが第一の獲物であるようだ。二〇二一年十一月以降、二〇二三年の春までに襲撃の現場あるいは痕跡を合計八回みつけたが、その内六回はドバトであった（写真19－2）。あと二回のうちの一回は獲物を足で捕らえている現場に出会った時だ。詳細な確認はできなかったが獲物の大きさと残された羽毛からヒヨドリではないかと推測された。また、もう一回は純白の羽毛からコサギではないかと思われたが、彼らが自分より体の大きいコサギまで捕らえられるか、やや疑問ではある。ただ、いずれにせよ、キジバトが獲物になっていないのはちょっと意外である。これはドバトに比べて数が少ないことと、やはりドバトがあまりにも人間との接触に慣れて警戒心が薄れている証拠かもしれない。「平和のシンボル」であるドバトも快適な環境での生活で少々「平和ボケ」しているのかもしれない。

写真 19-2　オオタカによるドバトの襲撃の跡（2021/11/21）

20　都会の河原で林の鳥！　―シジュウカラ、メジロ、コゲラ―

冬に里山を歩いているとしばしば小鳥の混群に出会う。構成メンバーはメジロ、シジュウカラ、ヤマガラ、コゲラなどである。目の周りの白いリングがかわいらしいメジロは数も多くとても活発に飛びまわり、この混群を率いている感がある（写真20－1）。そして白いお腹に黒いネクタイをしたシジュウカラ、グレーの翼にオレンジ色のお腹が美しいヤマガラ、そして日本で一番小型のキツツキのコゲラが混じることがある。

メジロはウメやツバキの花の蜜を吸いに庭先にもよく現れる鳥なのでおなじみだ。矢田川の河原でも少し木が成長して藪になっているところではたくさんみかける。特にトウネズミモチの実が熟す頃にはヒヨドリなどと競い合って実を食べている。シジュウカラも最近はかなり町の中にも出現してきており、河原でもわりあい頻繁に出会う（写真20－2）。

しかし、ヤマガラはシジュウカラに比べると河川敷がやや苦手のようで、河原では私も一度だけ姿をみかけた記憶があるだけだ。ヤマガラは鳥かごの中でおみくじを引く芸をす

写真 20-1　トウネズミモチの実をついばむメジロ（2022/1/12）

るなど、人になつきやすく、公園などで定期的に餌を与える人がいると自分から出てきて餌をもらうような場合もある。だから決して人間が苦手というわけではなさそうだが、環境に対する嗜好性がシジュウカラに比べて厳格なのだろうか、今のところ河原の環境をあまり好まないようである。

私の印象ではここに挙げた鳥たちの中で、キツツキの仲間であるコゲラは一番河原の環境にはふさわしくない鳥だと思っていた。ところがこのところ河川敷に生える木々で餌をついばむコゲラにかなり頻繁に出会う（写真n・7頁）。コゲラなどキツツキの仲間は林の鳥であり、里山の川沿いの林でなら出会える印象だったので、すぐ隣の河川敷グランドで野球をやっているそのわきの木立でキツツキが餌をついばんでいる姿はとても新鮮だった。もちろん背景には河川敷の樹木が

写真 20-2　川岸の木に止まるシジュウカラ（2022/2/3）

徐々に大きく成長して、林の環境と大きな違いがない状態になりつつあるという事情があるのだろうが、もしかしたら林の中を混群で移動するコゲラが、いつも行動を共にしている街中に慣れたメジロやシジュウカラに引き連れら河原にまで来ているのかもしれない。そうだとするとヤマガラもそのうち河原に現れそうだ。

21　小型の猛鳥　―モズ―

秋になるとあの「高鳴き」を聞いて季節の移り変わりを感じる方は多いだろう。鋭く甲高い声が矢田川にも響きわたって秋の到来を感じる。河原に生える高い木の先端をみると、キリっとしたかっこいい姿のモズが止まっている（写真21－1）。毎年この時期になるとつい写真に収めてしまうが、青空を背景にして枝に止まって獲物を狙う姿は絵になる。

モズは肉食で普通は昆虫、カエル、トカゲなどを捕らえて食べるようだ。ただ以前モズ

写真 21-1　木のてっぺんに止まって獲物を狙うモズ（2021/11/13）

写真 21-2　捕らえたバッタを枝に突き刺して食べるモズ（2021/10/31）

がスズメをぶら下げて重そうにしながらも飛んでいる姿をみかけたことがある。モズは小鳥の中ではやや大柄な部類ではあるが、それにしても体重も自分とあまり変わらない獲物を捕らえるとはすごいものである。この時以来、私は「モズは猛禽である」と思っている。体の大きさや獲物の競合関係もあるだろうけど、モズがカラスに追いかけられている光景はみたことがなく、その点から考えるとチョウゲンボウには悪いけど、彼らよりよほど猛禽らしいといえるかもしれない。

河原でみているると、枝先に止まっているモズは多くの場合下の草むらに視線を向けていて、狙いを定めて舞い降りる。ただ、なかなか餌を捕獲する現場には出会えないが、矢田川では一度バッタを捕らえて枝の上で食べている姿に出会ったことがある（写真21－2）。モズの「はやにえ」はとても有名だが、どんな理由でこの行動をとるのかは諸説あるようだ。

子どものころにみた図鑑には、餌が枯渇する時期のために保存しておくという話が載っていた記憶がある。でも後からちゃんとみつけられるのか、あるいはからからに干からびた獲物が果たして食糧になり得るのかなど、何となく疑問に思っていたが、この理由は今もはっきりわからないらしい。この時も枝に獲物を突き刺しているようにみえた。このまま食べ残しがあると「はやにえ」の状態になるかもしれないが、私が過去にみたことのある「はやにえ」ではほとんど無傷で突き刺さっているものもあったので食べ残しだけでは説明がつきそうもない。何にしても面白い行動だ。

22　声を聞けば誰もがわかる

―ウグイス、ホオジロ、カシラダカ、オオヨシキリ―

二〇二二年の春に散歩の途中で河原に隣接する木立から、明らかに「ホー・ホケキョ」という鳴き声が聞こえた。この声はその後しばらく続き、とうとう河原の藪の中からも聞こえるとともにその姿も確認した。もちろんウグイスだ。

ウグイスは河原から少し離れた丘陵地などにはごく普通にいる鳥だが、河原でこの声を聞いたことはなかった。河原を取り巻く緑地環境の変化、特に樹木の成長が彼らの生息域を拡大したのだと思う。二〇二三年の春には他の場所でも声を聞き、分布の拡大が起こっていることを確信した。河原の周辺でも出会えるなら今後が楽しみだ。

「法、法華経」とともに鳥の鳴き声の「聞きなし」の代表例はホオジロである。いろいろな聞き方があるようであるが、私は「一筆啓上仕《つかまつ》り候《そろ》」が一番覚えやすいし、確かにそのように聞こえる。里山などで高い木のてっぺんで叫ぶ声がよく聞かれるが、矢田河原でもこれを聞くことができる。熱心に鳴いている時にはかなり近づいても鳴き続ける。な

写真 22-1　河原の木の枝に止まるホオジロ（2023/2/6）

お秋から冬にかけては川の周辺の木に止まった姿にもよく出会う（写真22－1）。ちょっとみたところは地味な感じの鳥だが、顔の白い模様や長めの尾羽根も結構かっこいいと思う。

ホオジロが時々みられる河原の木に、ある時一羽の鳥が止まっていた。「ああ、ホオジロか？」と思ってふとカメラを覗いてみると、頭の上の羽毛が逆立って「モヒカン」状態である。「あれ、ひょっとして！」と思って胸の羽毛をよくみると、ホオジロとは違って胸の羽毛が白い色をしている。これは以前一度長野県でみたことのあるカシラダカだとわかった（写真22－2）。冬に日本にわたってきたものがホオジロなどと混じって河原に来たのかもしれない。特に珍しい鳥というわけではなさそうだが、ちょっと得した気分だった。

写真 22-2　ホオジロに似ているがモヒカンが目立つカシラダカ（2021/12/26）

さて、もう一つ、鳴き声と言えば、とにかくせわしなくにぎやかな、そして一度聞いたら忘れられないオオヨシキリがいる。私はたいへん失礼ながら個人的に「大阪のオバチャン」と呼んでいる。ヨシ原になわばりを持ち大きな口を開けて、口の中の赤い色をみせながら鳴き続ける姿はおしゃべりが止まらない「大阪のオバチャン」を彷彿させる。

矢田川では二〇二二年五月に河原のヨシ原で初めて声を聞いた。中州に数年前からヨシが生えるようになり、それが徐々に拡大していたので、オオヨシキリが来ても不思議ではないと感じていた。少々距離はあるが、河口部の藤前干潟周辺のヨシ原では多数のオオヨシキリが鳴いているし、庄内川の下流部にはヨシ原は結構ありそうだ。やっと来てくれたかとの思いである。ただ残念ながらオオヨシキリは鳴き声とは裏腹に意外と姿を見つけるのが難しく（もちろんヒョウ柄模様でもないし！）、またしばらく後には声が聞こえなくなってしまったので、現時点では営巣までには至っていないようだ。でもきっとまた訪れていずれ定着するのではないだろうか。いつか「大阪のオバチャン」に会って「飴ちゃん」ももらいたい。

【番外】「幸せの青い鳥」はパチンコ好き？　―イソヒヨドリ―

最後に紹介したいのはイソヒヨドリである。この鳥は実はまだ矢田河原では確認していない。なので番外とさせていただく。ではなぜ取り上げるかというと、もうすでに矢田川から数百メートルの場所に定着している。その場所はなんとパチンコ屋の立体駐車場である。

イソヒヨドリはその名の通り、海岸の磯や河口の堤防などに巣をつくる鳥である。ところがなぜか近年、関東地方の内陸部で、都市のしかもショッピングセンターの立体駐車場の排気管などに巣をつくる例が知られるようになり、テレビなどでも紹介されている。いろいろな情報から、この状況は徐々に東海地方などにも広がっているということも聞く。そんなことからこの地方でもみられるのではないかと思い、散歩の際に立体駐車場があるとは、少々気に留めて周囲をみていた。写真からもわかるように、この鳥は非常にユニークな色をしており、よく「幸せの青い鳥」などとも呼ばれているので結構目立つ（写真○・

7頁)。加えて、鳴き声がたいへんきれいで、町の中でもちょっと聞きなれない声に気づきやすい。

二〇二二年の春にこんな意識を持ちながらそのパチンコ屋さんの周辺を歩いていると、なんと予想的中(!)、イソヒヨドリが外壁に止まっているではないか。その後、餌を運ぶ姿もみることができた(写真23)。駐車場の中までは確認していないが、おそらくどこかに営巣しているのだろう。

写真23　巣に捕らえてきたカナヘビと思われる獲物を運ぶイソヒヨドリ(2022/5/22)

矢田川の周辺にはショッピングセンターがあり、当然立体駐車場がある。またマンションも多く建ち並んでいて、中には屋根付きの立体駐車場を持っている場所もある。彼らは主に肉食で昆虫やトカゲなどを捕らえるのだが、河原の環境は餌の採集場所としてはうってつけだと思う。河川敷に立体駐車場ができることはさすがにないが、代わりになりそうな堤防のような構造物もありそうだ。まさか「幸せの青い鳥」はパチンコの本場名古屋に

「適応」してここを選んでいることもなかろう。たとえそうでも、他の地域ではショッピングセンターにもいるので、名古屋のイソヒヨドリにも中にはきっと買い物好きがいると思う。ごく近い将来、河原の周辺の立体駐車場に巣をつくって河原に餌採りにくるものがいると信じている。

おわりに

　鳥に関しては素人でありながら、たいへん気楽にその時々の自分の印象を書きつづった。散歩をしつつ、そしてこの拙文を書きながら感じていることは、生き物の繊細さとしたたかさだ。人間のさまざまな活動によって自然が影響を受け、果ては世界規模の温暖化から目の前のゴミ問題や草刈りなど生き物を取り巻く環境の変化に、彼らは想像を超える繊細さで影響を受けている。その一方で、その変化に対して我々の想像を超えるびっくりするようなしたたかな適応力も示している。

　自然界の生き物たちがとてもひ弱な存在であるといわれる中、他方で、こんな姿をみると、「なんだ、少々環境が変化しても生き物はしたたかに対応できるのではないか」との誤解をもたらしかねない。しかし、生き物たちが人間による自然の変容にしたたかについてきてくれるという楽観論はとても危険だ。むしろ、ここで紹介した鳥たちは長年の進化の過程で培われたしたたかさをかろうじて発揮してくれて、都会の環境に適応できたものたちなのではなかろうか。これまでの人間の所業に対応できずに消え去ったものたちがたくさんいる一方で、「したたかさ」を発揮してくれるものがいるのならば、我々にとって一つの救いである。でもそれに頼ることには限界があると思う。したたかさは最後の望みの綱と考えるべきだ。

一方で誤った自然への干渉には慎重であらねばならない。自然の生き物をかわいがる気持ちはとても貴重だが、例えば野生生物へのむやみな餌やりなどは考えものだ。野外研究の場でも、餌付けという方法は生態系をかく乱し、個体数の変動、行動への影響をもたらすことから、避けるのが常識となっている。餌付けによって野生動物の行動も容易に変化することは「この場所にちなんだ話②」（83頁）でも述べたとおりである。冷たく聞こえるかもしれないが、食う食われるという関係の中、攻撃するものがあるのも自然なら、捕えられるものがあるのも自然、そして野生生物にとっては飢えて死ぬのも自然である。そこに人間が安易に干渉すべきではなく、我々が野生動物とかかわる際には、厳格に一線を画す必要がある。

本書のタイトルで軽率にも「楽園」と書いてしまったが、矢田川周辺は果たして本当に鳥たちにとって楽園なのだろうか、よく考えなければいけない。のんびり散歩をする私たちにとっては、確かにいきいきと飛び回るように見える野鳥に日々出会えるので、鳥たちにとっても楽園であるに違いないと思ってしまう。でも、鳥たちからみれば本来は散歩するおじさんが出没もできない場所であってこそ楽園なのかもしれない。

本書の出版にあたって、風媒社の劉永昇氏、新家淑鎌氏に多くの貴重なご助言をいただいた。心より感謝いたします。

［著者略歴］
小野 知洋（おの・ともひろ）
1948年愛知県生まれ。
1971年名古屋大学農学部卒業（農学博士）。
2017年金城学院大学名誉教授。
専門は昆虫行動学、東海地方の湿地保全など。

矢田川は鳥たちの楽園　したたかに生きる「都会っ子」たち

2023年9月30日　第1刷発行　（定価はカバーに表示してあります）

著　者　　小野　知洋

発行者　　山口　章

発行所　名古屋市中区大須1-16-29
電話052-218-7808　FAX052-218-7709
http://www.fubaisha.com/
風媒社《ふうばいしゃ》

＊印刷・製本／モリモト印刷　　乱丁本・落丁本はお取り替えいたします。

ISBN978-4-8331-5450-5